DE L'INSTITUTION

DU

CRÉDIT FONCIER,

Par Ch. GOMART,

Membre de la Société d'Agriculture de Saint-Quentin,

SUIVI DE QUELQUES REMARQUES

SUR LE

BÉTAIL DE LA FERME.

Saint-Quentin.

Typographie d'Ad. MOUREAU, Lithographe, Grand'Place, N°. 7.

1850.

DE L'INSTITUTION DU CRÉDIT FONCIER.

L'institution du crédit foncier organisé sur des bases solides, appropriées aux besoins de l'agriculture, a, depuis long-temps, préoccupé toutes les actives intelligences du pays, par son importance et par les graves conséquences qui en découlent.

Il y a six ans que M. Royer, inspecteur de l'agriculture, dans un *Rapport officiel sur l'institution du crédit foncier en Allemagne et en Belgique*, faisait ressortir tous les avantages que les agriculteurs allemands et belges avaient retirés de ces institutions, et présentait dans des *Etudes sur le crédit agricole*, les moyens d'introduire cette amélioration en France. M. Q. Bauchart publiait à la même époque un travail sur le *crédit foncier*, la *réforme hypothécaire*, et *les institutions de crédit*. Depuis, cette question a été agitée dans bien des Congrès agricoles, à Reims, à Compiègne, à Paris et partout, les discussions ont rendu plus facile l'étude de ce sujet jusqu'alors si peu connu en France.

Les causes qui appauvrissent l'agriculture sont nombreuses, évidentes; parmi les principales, en ce qui concerne le fonds, nous trouvons le régime hypothécaire, les frais qui grèvent les transactions, les emprunts, au profit du fisc et des officiers ministériels, l'inégalité de l'impôt foncier, l'excessif morcellement de la propriété, la manie d'acheter ce qu'on ne peut payer, la pénurie d'ouvriers journaliers et de domestiques ruraux, alors que les villes en regorgent et que les manufactures les laissent en chômage. Le crédit foncier doit évidemment remédier en partie à ces souffrances, en favorisant l'aisance générale de toutes les classes agricoles. Il donnera une impulsion nouvelle à la culture des terres, et en vivifiant l'agriculture, il rétablira l'équilibre entre ses progrès et ceux des autres industries.

On est d'accord aujourd'hui que les capitaux manquent à l'agriculture, et qu'elle n'a pas les moyens suffisans de se les procurer. Rien ne prouve mieux cette vérité que l'immense développement de l'usure qui paralyse tout progrès, s'oppose à toute amélioration. L'agriculture a l'intelligence nécessaire pour payer les capitaux à un intérêt suffisant ; mais elle est épuisée des charges qui l'accablent, grâce aux conditions de crédit qu'on lui a faites.

Le caractère prédominant de notre législation civile et qui se retrouve partout, qu'il s'agisse de priviléges, de servitudes, d'hypothèques, d'expropriation, est un respect exagéré, méticuleux de la possession. Les frais et les formalités de l'inscription hypothécaire, de la purge légale, de l'expropriation forcée, ôtent à l'agriculteur la facilité de l'emprunt dont le commerçant fait usage pour féconder ses spéculations. Aussi, loin de pouvoir, en quoi que ce soit, être considérée comme un élément de crédit agricole, notre législation civile est l'obstacle le plus grave à l'établissement de ce crédit. « Il n'y a pas un propriétaire « en France, dit M. de Courdemanche, qui soit certain de ne « pas être évincé de son immeuble, pas un prêteur qui ait la « certitude de ne pas perdre sa créance. » Sans vouloir justifier complètement cette assertion, nous dirons que le régime hypothécaire, loin d'attirer, vers les améliorations agricoles, les capitaux par la sécurité pour les prêteurs, par la simplicité des procédures, par le développement du crédit, les éloigne par l'élévation des droits, les formalités de l'inscription, de la purge et de la radiation, par la difficulté et les lenteurs de la réalisation du gage, par les abus de la procédure, de l'expropriation, de l'ordre, etc..

Un autre vice capital du système actuel du crédit agricole est le remboursement intégral de la créance, à jour fixe, remboursement le plus souvent impossible au cultivateur. En effet, une fois entré dans la voie des améliorations connues, l'agriculteur devra maintenir constamment, sur le même pied, bestiaux, mobilier, bâtimens, fertilisation des terres, etc., pour entretenir la fécondité du sol et la richesse des cultures, il lui sera impossible de rembourser l'emprunt, en totalité, à une échéance rapprochée, si ce n'est au grand préjudice des produits agricoles et de la continuation de ses travaux. Il est donc nécessaire de ne faire payer aux emprunteurs qu'une rente annuelle, temporaire, sur laquelle sera prélevé un fonds d'amortissement qui devra éteindre la créance dans un temps donné. Mais, pour obtenir ces résultats, la fondation du crédit agricole doit être précédée de plusieurs réformes importantes dans notre législation civile, afin de garantir aux capitaux un gage indestructible, par une publicité absolue des charges, servitudes, hypothèques qui grèvent l'immeuble hypothéqué. On pourra ensuite favoriser les emprunts hypothécaires par la simplicité des formes de l'inscription, de la radiation, de l'expropriation, et par des droits aussi faibles que possible ; – éteindre les créances par séries d'annuités ; — introduire des dispositions par lesquelles il devra être aussi facile au possesseur d'un titre hypothécaire de se procurer partout un capital en échange, sans plus de frais ni de formalités qu'il n'en faut au porteur d'un titre d'inscriptions de rentes ou d'un bon effet de commerce. (1).

Nous ne devons cependant pas laisser ignorer que l'institution du crédit a été accueillie avec crainte par quelques bons esprits ; le motif, c'est qu'avec la tendance du ménager à toujours acquérir, à toujours étendre la surface de sa propriété, sans jamais songer à l'améliorer, on a craint que cette facilité du crédit ne servît encore à favoriser le morcellement de la propriété foncière, et y retarder les progrès agricoles. (On a beau vanter les produits de la petite culture, jamais la bêche ne suppléera le fumier). C'est là un inconvénient qui, selon nous, a peu de gravité au point de vue général, et qui tendra à disparaître à mesure que les progrès de l'agriculture se développeront, sous l'empire des nouvelles institutions de crédit.

L'assemblée législative a rangé la question du Crédit foncier parmi celles qui demandaient une solution immédiate, dans l'intérêt de l'agriculture. Deux commissions ont élaboré la réforme que doivent subir les actes relatifs à la transmission de propriété, les dispositions de la loi hypothécaire, etc., qui doivent précéder l'institution du crédit agricole. L'un des rapporteurs, M. Persil, a déjà fait connaître les conclusions de la Commission, et ces conclusions nous paraissent devoir satisfaire aux besoins de l'agriculture. Le Conseil d'Etat a été saisi de l'examen de ces propositions par le renvoi qui lui a été fait par le ministère des finances, et, si nous acceptons la promesse de M. Vivien, sous deux mois le comité de législation pourra déposer le projet de loi sur le bureau de l'Assemblée législative.

A la suite d'une demande présentée à M. le Président de la république, le trente décembre 1849, par M. le maire de Guiscard, au nom de l'agriculture, pour obtenir l'établissement du crédit foncier, un journal : *le Crédit,* réclame non plus seule-

---

(1). Aujourd'hui, le porteur d'une inscription de rentes, peut se procurer, sur le dépôt de son titre à la banque, et moyennant 50 cent. de frais pour 1,000 fr. de capital, les 4/5 de la valeur totale de ce titre en numéraire à 4 %. — Le propriétaire foncier, par notre système hypothécaire, ne peut emprunter qu'à 5 % au minimum, et en payant 5 % de droit en moyenne, sans les frais accessoires, un capital qui excède rarement la moitié de la valeur de son immeuble, et en faisant courir beaucoup de mauvaises chances au prêteur. Toute la question est dans cette comparaison qui montre ce qu'il y a à faire.

ment l'institution du crédit foncier, mais d'urgence, et, sans attendre la réforme hypothécaire, il sollicite l'organisation immédiate d'une institution financière, d'une banque immobilière armée du *privilége d'opérer, à bref délai, la purge d'hypothèques occultes, avant le prêt* (II), *et l'expropriation du débiteur dans le cas de la non-exécution de ses engagemens.* Mais, les formalités qui seront bonnes pour cette banque, seront bonnes pour tout le monde. Nous voulons que le privilége ne soit pas la part d'un établissement spécial, mais il faut en faire le droit commun. C'est pour cela que, tout en appelant de tous nos vœux l'institution du crédit foncier, nous n'avons pas pu approuver la pétition qui sollicite son organisation *sous l'empire de la législation actuelle.*

Nous demandons, par conséquent, que les réformes à introduire dans la législation civile précèdent l'institution du crédit foncier, afin que les capitaux refluent vers l'agriculture, par la sécurité des placemens, la simplicité des procédures, la facilité de la transmission des contrats, et la réalisation peu dispendieuse du gage. — Nous voulons qu'on améliore la loi, non dans l'intérêt d'une banque spéciale, mais dans l'intérêt général, afin que tout capitaliste devienne un agent du crédit foncier, et sans qu'il y ait besoin d'établissemens spéciaux ; non que nous refusions une institution qui serait pour le crédit foncier ce qu'est la banque de France pour le crédit commercial, ou plutôt une extension de la banque elle-même qui serait à la fois le moteur et le régulateur des deux crédits ; mais si la banque peut fournir cent millions à l'agriculture, les capitaux particuliers, qui sont inépuisables, peuvent lui fournir un milliard, *dès qu'ils ne seront plus gênés par le système hypothécaire.* Le crédit foncier ne peut pas d'ailleurs avoir de base solide sans la réforme préalable de la loi hypothécaire, qui sera l'instrument même du crédit.

Nous appelons donc de tous nos vœux la prochaine présentation du projet de loi sur *l'institution du crédit foncier*. L'examen que ce projet aura subi du Conseil-d'Etat, pourra avoir retardé sa présentation ; mais ce ne sera pas du temps perdu, puisqu'il aura appelé les méditations des hommes les plus éclairés et les plus compétens sur les dispositions d'une loi qui doit mettre le crédit à la portée de l'agriculture et développer essentiellement les sources de notre richesse nationale par l'union du capital fixé au capital circulant.

(II). Il faut songer que la purge avant le prêt augmenterait les frais de prêt. Ce qu'on appelle *purge* est un système de formalités destiné à faire apparaître les inscriptions *inconnues*. Avec le système de la publicité des hypothèques, il n'y aurait besoin de purge ni avant ni après.

LE BÉTAIL DE LA FERME.

I.

La mission de l'éleveur est de produire, au meilleur marché possible et dans les conditions les plus favorables, par la race bovine, le lait et la viande, — par la race ovine la laine et la viande. La véritable, l'unique question pour le cultivateur est donc celle-ci : (nous considérerons ici le producteur et l'éleveur comme ne faisant qu'un) « Quelle est la race de bétail qui me rapportera le plus, par hectare de terre cultivé, ou par quantité donnée de différentes espèces d'alimens consommés? » Pour résoudre cette question, il ne suffit pas de poser une simple règle d'arithmétique, et de comparer la quantité de nourriture consommée par chaque lot d'animaux (en proportion de son poids) avec la production de la viande; il est indispensable, avant tout, de connaître le compte, par *doit* et *avoir*, de chacun des deux lots, depuis la naissance des animaux et même antérieurement à leur naissance. S'il est facile de dire : « J'ai élevé un animal d'une race symétrique de formes, d'une maturité précoce et d'excellente qualité, nous sommes en droit de demander : à quel prix et après combien d'essais malheureux? »

Cette question sur laquelle un publiciste anglais, d'un grand talent : H. Stephens, vient de jeter un jour nouveau dans un écrit intitulé : *The Book of the farm; detailing the labours of the farmer, farmsteward, ploughman, shepherd, hedger, cattleman, fieldworker and dairy-maid.* — 2e. *édition.* 2 *vol. in*-8. *Edimboug* 1849, nous a paru assez intéressante pour en suivre les résultats, surtout au moment où beaucoup de culivateurs introduisent, les uns du sang Anglais dans leurs troupeaux, les autres du sang Hollandais, ou du sang Suisse dans leurs étables, soit pour améliorer leur bétail, soit pour *créer* des sous-races. Nous avons donc analysé le compte-rendu de cet important travail publié par la *Revue britannique* estimant qu'il ne serait pas sans intérêt de faire connaître ce que les Anglais pensent aujourd'hui des essais tentés pour la formation de leur race *courtes-cornes* perfectionnée, et des moutons *nouveaux Leicester.*

Les partisans de ces nouvelles espèces prétendaient qu'avec une quantité donnée de nourriture, elles rendaient, dans un temps donné, un poids plus considérable de viande que les animaux appartenant aux anciennes races. Nous sommes disposés, dit Stephens, sous certaines réserves, à admettre cette prétention, et, si on veut parler de sujets chosis, amenés déjà à un certain degré de maturité, le fait ne nous paraît pas contestable. Nos réserves ne portent que sur l'histoire antérieure des animaux. L'expérience a démontré avec certitude que, si mille femelles de la variété nouvelle de *Durham* étaient soumises à la saillie concurremment avec mille femelles des anciennes races bovines de West-highlander, Devons ou Herefords, il y aurait non-seulement, dans le premier cas, moins de produits, mais encore, parmi ces produits, plus de qualité inférieure et même de rebuts qu'avec les trois anciennes races. — Mille brebis *Leicester* auraient le même désavantage comparativement avec mille brebis de toute autre race ancienne.

Cela vient de ce que, encore bien que l'art puisse perfectionner la nature, il n'est jamais aussi sûr dans ses procédés, ni aussi invariable dans ses opérations. Le créateur d'une espèce nouvelle est toujours exposé à des désappointemens.

Un anglais, M. Edge Strelley, ayant conçu dans son imagination une race de bétail formée d'après un certain modèle, et réunissant les avantages de la taille, de la symétrie, de la tendance à la graisse, n'épargna rien pour réaliser ce type idéal. Doué d'une grande sûreté de coup d'œil et n'ayant d'ailleurs aucuns préjugés, il choisit, à tout prix, partout où il les trouva, les animaux, mâles et femelles, qui lui parurent propres à réaliser ses vues. Leurs produits offrirent, en effet, les qualités qu'il en espérait; mais, au bout de quelques années, au moment où il paraissait être arrivé, ou sur le point d'arriver à la perfection, il se vit arrêté tout à coup: ses femelles refusèrent, malgré toutes les sollicitations, de lui donner des produits: ce motif le détermina à vendre son troupeau.

Lord Spencer, ce champion enthousiaste des *courtes-cornes*, est convenu, dans plusieurs de ses discours publics, que la fécondité avait diminué d'une manière fâcheuse dans son troupeau et qu'elle n'y avait été entretenue qu'à l'aide de soins et de précautions qu'on ne peut guère appliquer universellement. Stephens ajoute: Depuis que les *courtes-cornes* ont été très-généralement introduites dans les Comtés de l'intérieur, la stérilité a été un grand ennui pour les fermiers.

Le propriétaire d'un troupeau d'Herefords (ancienne race), agriculteur distingué, et fort heureux dans ses opérations, si on en juge par ses comptes d'exploitation, disait au contraire que dans son étable il n'y avait pas manque de veaux, — les non-valeurs pour stérilité étaient presque nulles, — on était bien tranquille de ce côté et les jumeaux n'étaient pas une rareté dans le troupeau.

Si du gros bétail nous passons à l'espèce ovine nous trouvons au 1er rang le mouton *Southdown*, qui offre certains caractères qui sembleraient indiquer une race ancienne. Dans l'agriculture, les *Southdown* sont sans prix; broutant l'herbe la plus courte et la plus desséchée, ils sont non-seulement d'une utilité plus générale au fermier, mais ils donnent encore une viande bien supérieure à la moyenne, sous le rapport de la qualité. Pour les formes, ils sont inférieurs aux *nouveaux Leicester*. Cette race, de création récente, la plus importante de la Grande-Bretagne, a la tête élégante, le dos plat et la croupe large, les côtes et les épaules très-garnies; elle rend plus de viande que sa rivale, mais c'est le tout ce qu'on peut dire en sa faveur. Sa chair n'est pas fine; sa laine est de qualité inférieure, et sa constitution délicate. Prodige d'indolence, le bélier *Leicester* est également insensible aux provocations de l'amour ou au combat, et il ne sait pas résister à la fatigue ni aux privations.

Si du mouton nous passons au porc, nous remarquons la même stérilité dans les races perfectionnées. Stephens cite une truie haute sur pattes, aux soies hérissées, aux flancs plats, aux oreilles disgrâcieuses, en somme, animal d'un aspect assez féroce, qu'on voyait deux fois par an suivi d'une bande presque interminable de petits grognards — fidèle portrait de leur mère, — il y avait 16, 18 quelquefois même 20 par portée. Au bout de quelques années, grâce à un système d'accouplemens judicieux, on avait obtenu des produits d'une symétrie qui approchait de la perfection, mais les portées autrefois si nombreuses étaient tombées à 6, à 4, et même à 1. Force fut donc alors de renoncer à ces expériences.

Que conclure de ceci, si ce n'est que la stérilité est un très-grave inconvénient dans un troupeau qui, à force de soins, est parvenu à acquérir une bonne qualité de chair et de formes symétriques, et que, par conséquent, les élèves de ces races perfectionnées coûteront toujours plus cher à produire que ceux des anciennes races.

II.

Les nouvelles variétés de races de bétail obtenues avec tant de peine, ne sont-elles pas sujettes à dégénérer rapidement? Stede betterave sont admis ou repoussés avec la confusion la plus embarrassante. Il serait aussi difficile de se fixer, sur ces points, d'après les données discordantes des journaux agricoles, qu'il l'est quelquefois de rendre un verdict sur les dépositions des témoins. Le moyen le plus sûr de décider ces questions est en général de se reporter aux facilités locales. La drèche est bonne, si vous êtes dans le voisinage d'une grande brasserie et que vous puissiez vous la procurer à bon marché ; le foin est bon, si vous avez des prairies fertilisées par quelque cours d'eau. Quand un cultivateur a sur sa ferme quelque moyen de moudre et de broyer, il y a indubitablement économie pour lui à faire consommer toute espèce de grains pour lesquels il n'aurait pas de débouché. Quant à la pulpe de betterave, les préjugés qui ont existé long-temps contre l'usage de cet aliment, sont maintenant réduits à leur juste valeur. Nous nous rappelons encore les clameurs soulevées contre le bœuf engraissé avec de la pulpe. Il avait, disait-on, un goût qui n'était pas naturel ; le grain de la viande était grossier ; elle ne se gardait pas. Aujourd'hui, on est bien revenu de ces préventions et les grands bouchers achètent ces animaux plus cher, parce qu'ils savent en placer la viande à leurs riches cliens.

Le tourteau oléagineux, le plus souvent indépendant des circonstances locales, peut s'employer dans toutes les situations. Il est maintenant très-répandu en Angleterre ; son usage tend à se développer en France où des préjugés ont aussi empêché cet aliment de se propager. Si les gens prévenus étaient capables de raisonnement, ils auraient reconnu que le tourteau se compose de la balle et des parties farineuses de la graine, dont toute l'huile a été exprimée, au moyen de machines d'une grande puissance ; que ce n'est pas l'huile qui reste dans le tourteau qui engraisse (puisque un quintal de tourteaux contient moins d'huile qu'un quintal de toute espèce de grains), mais la partie farineuse du tourteau, qui est riche en matières musculaires. Le tourteau est sans contredit un aliment dispendieux ; mais il est si efficace, si facile à emmagasiner, le fumier des animaux qu'il engraisse a des propriétés si fertilisantes que nous espérons en voir l'usage se développer chez nous.

Quand le cultivateur est fixé sur l'espèce de nourriture à employer, reste la question de savoir comment il l'emploiera, chaude ou froide, — cuite ou crue. Nous connaissons beaucoup de ferme où les appareils à chauffer et à faire cuire la nourriture destinée au bétail sont abandonnés ; l'essai ne nous paraît pas avoir réussi.

Les avis des oracles sur la meilleur manière de loger le bétail sont très-ambigus et contradictoires ; cependant, l'expérience parait avoir démontré que les étables dans lesquelles l'animal reçoit sa nourriture sans dérangement, par-devant, celles où l'animal est isolé et en pleine liberté dans sa cellule, sont les plus favorables à l'engraissement.

De ce que nous venons d'exposer, on pourrait penser que nous n'approuvons pas les hommes estimables qui cherchent à créer les nouvelles variétés de bétail, ou à amener celles qu'ils possèdent à un haut degré de perfection ; nous nous hâtons de protester contre une pareille intention. Personne n'est plus que nous persuadé que le succès obtenu par un éleveur suppose toujours des qualités intellectuelles très-recommandables, — la faculté de bien observer les faits et d'en apprécier la juste valeur, — le jugement et la décision, — la persévérance et, une qualité plus précieuse encore, la confiance en soi. Mais ce succès qu'obtient l'éleveur est-il profitable pour ses intérêts? Nous posons cette question sans la résoudre, laissant chacun maître de l'apprécier à son point de vue.

En citant ici les faits signalés par le publiciste anglais, notre but a été d'appeler toute l'attention de la partie éclairée de l'agriculture de notre département sur les résultats qu'il signale, afin d'engager l'éleveur à mettre la plus grande prudence dans ses tentatives. Nous espérons aussi que les cultivateurs qui jusqu'alors sont restés insensibles à l'esprit de progrès, indifférens à tout ce qui se manifeste autour d'eux, ne laisseront pas continuer les accouplemens de hasard mis en pratique dans leur ferme, accouplemens qui tendent à faire de notre race bovine la dernière des races; mais que, par des choix, par des réformes judicieuses, ils chercheront à améliorer ce qu'ils possèdent par des races meilleures et *ou par des races ayant des affinités avec leur bétail*. L'amélioration par les vieilles races ne sera pas aussi prompte que par les races nouvelles, mais elle sera plus durable et moins sujette à dégénérer. Si on nous demandait notre opinion sur la meilleure voie à suivre, nous avouons que, sous l'impression des faits cités par H. Stephens, nous dirions : Par satisfaction, par amour-propre, prenez les races nouvelles; dans l'intérêt de votre bourse, améliorez par les races anciennes.

www.ingramcontent.com/pod-product-compliance
Ingram Content Group UK Ltd.
Pitfield, Milton Keynes, MK11 3LW, UK
UKHW020413250726
13967UKWH00006B/2622

9 782011 749284